图书在版编目（CIP）数据

真的要守住一年级的零花钱：入学前一定要养成的好习惯 ／（韩）申淳哉著；（韩）安信爱绘；黄进财译 . — 西安：世界图书出版西安有限公司，2021.1

ISBN 978-7-5192-6977-7

Ⅰ．①真… Ⅱ．①申… ②安… ③黄… Ⅲ．①财务管理—少儿读物 Ⅳ．①TS976.15-49

中国版本图书馆 CIP 数据核字（2020）第 261673 号

진짜 일 학년 용돈 작전을 펼쳐라!

书　名	真的要守住一年级的零花钱：入学前一定要养成的好习惯	网　址	http://www.wpcxa.com
著　者	[韩]申淳哉	邮　箱	xast@wpcxa.com
绘　者	[韩]安信爱	经　销	新华书店
译　者	黄进财	印　刷	鹤山雅图仕印刷有限公司
策　划	赵亚强	成品尺寸	210mm×245mm　1/16
责任编辑	李　钰	印　张	2.5
项目编辑	刘晓英　徐　婷　吴谭佳子　符　鑫	字　数	30千字
版权联系	刘晓英	版　次	2021年1月第1版
美术编辑	吴　彤	印　次	2021年1月第1次印刷
出版发行	世界图书出版西安有限公司	版权登记	25-2019-281
地　址	西安市锦业路1号都市之门C座	国际书号	ISBN 978-7-5192-6977-7
邮　编	710065	定　价	45.00元
电　话	029-87214941　029-87233647（市场营销部） 029-87234767（总编室）		

版权所有　翻印必究

（如有印装错误，请与出版社联系）

小世界童书馆
WPCKIDS | 送给每个孩子一个精彩的小世界!

小世界精选世界优秀畅销绘本
导读手册

入 学 前 一 定 要 养 成 的 好 习 惯

真的要守住一年级的零花钱

财商教育

[韩]申淳哉/著　[韩]安信爱/绘　黄进财/译

世界图书出版公司

《真的要守住一年级的零花钱：
入学前一定要养成的好习惯》

定价：45.00元

关于作者

文字作者

申淳哉，韩国知名童书作家、自由撰稿人。毕业于韩国梨花女子大学哲学系，之后获得文艺创作学硕士学位。她认为平凡也是一种个性，一直致力于为普通孩子创作特别的故事。著有《真的要守住一年级的书包：入学前一定要养成的好习惯》《谁和我一起吃饭》《守夜人》《听听蚯蚓的哭声》《揭不下来的谎话》《我去口腔科》等。

图画作者

安信爱，韩国知名插画师。韩国弘益大学插画专业毕业。从小喜欢画画，喜欢幻想、擅长用图画表现细腻温馨的世界。创作有《精彩的一天》等。

由财商培养到自我管理

知名语文教师、出版人、阅读推广人◎蔡朝阳

《真的要守住一年级的零花钱：入学前一定要养成的好习惯》讲述了一个一年级小男孩徐东奎争取零花钱的故事。徐东奎上小学了，开始向爸爸妈妈申请要零花钱。在获得零花钱之前，徐东奎制订了一系列零花钱大作战的计划，在这个过程中，他也学会了如何管理零花钱。

这是一本财商教育绘本，故事并不复杂，但是有很强的现实意义。我们经常说，比较重要的事情，要从娃娃抓起。而财商教育就是要从娃娃抓起的重要事情之一，它是保障一个人独立生活的重要条件。《真的要守住一年级的零花钱：入学前一定要养成的好习惯》这本专门讲"零花钱"的绘本，特别适合孩子独立阅读，也适合家长老师以此书为契机，培养孩子管理零花钱的能力，进而锻炼孩子学习自我管理的能力。

然也能管理你的时间，乃至你的人生和未来。

　　所以，管理零花钱看似事小，其中却蕴含着人生的真义，也是家长、老师，需要特别重视的一个教育视角、契机。

　　我家有个叫菜虫的小男生。在他小学二年级便开始有了零花钱，并有权支配自己的零花钱。为了让他对钱有基础概念和认知，我和菜虫妈妈给他讲了一些储蓄和投资的知识。当然，如果像绘本里的徐东奎那样，制订一个书面的花钱计划，就更具体、直观了。

　　现在的孩子往往会有比较多的零花钱，家长平时给的、生日红包、过年的压岁钱等，林林总总。孩子的这些钱该怎么处理呢？这就是家长对孩子进行财商教育的一个契机。比如，菜虫的压岁钱、生日收到的红包等，妈妈会帮他在网上买理财产品，操作的时候给菜虫同学看着。这样，这笔钱每个月都会有收益，聚少成多。菜虫可以随时决定卖掉或者买进更多理财产品。菜虫一个朋友的爸爸更有趣，他在孩子五六年级的时候，开了一个股票账户，给孩子1000块钱，让孩子自己炒股，然后分析金融的基本知识。虽然不知道这笔钱最终是亏损还是收益，但是孩子在理财方面的知识肯定是"收益"的。

　　菜虫四年级时，提出要买一部手机。我们建议他好好管理自己的零花钱，自己规划，自己实现。于是，这个小朋友开始规划自己的花钱方式，一年之后，果然用自己的零花钱买了一部手机。后来，菜虫提出要用零花钱买一台笔记本电脑。于是自己主动规划，最后在爸爸妈妈的略微资助下，买到了笔记本电脑。

拓展活动

　　每人发一张随书附赠的记账本内页表格，鼓励小朋友实际记账一周，再对比自己填写的零花钱计划表，逐渐养成提前规划和及时记账的习惯。

活动二　小鬼当家：去超市购物

设计意图

　　很多家长都会给孩子做各种早教和启蒙，但大多数家长包括学校都忽略了培养孩子的理财意识。其实培养孩子的理财意识并不复杂，通过阅读理财绘本就能给孩子带来一定的理财知识。而在日常生活中有意识地让孩子接触钱，让孩子有机会直观感受、思考，也不失为一种有趣且有效的教育方法。

活动目标

1. 锻炼孩子多种能力：如数学启蒙、协商合作能力；
2. 培养孩子的耐心：体会财富积累的过程，体验延迟满足的智慧；
3. 培养孩子的共情能力：体会绘本传达的亲情、友情的珍贵。

绘本导入

1. 孩子们，你们有谁攒零花钱吗？
2. 零花钱有魔力，因为它能让我们得到我们想要的东西，你用自己的零花钱买过什么东西呢？
3. 你有想买却还没有得到的东西吗？为什么呢？
4. 那我们看一下今天这本书里，徐东奎小朋友想要的东西，会通过什么办法得到呢？

　　进入绘本内容。

活动过程

所需物料：红包、制作好的"钞票"、记账本内页（反面可用来列购物清单）、纸、笔、购物袋、布置超市场景等。

活动过程：

A. 活动分组进行，三人一组，一组为一个家庭（家里有"爸爸""妈妈""孩子"），每组由代表认领一个购物袋、一记账本内页和一个装了"100元钞票"的红包。

B. 请每位家庭成员商量一下，想想家里最需要什么？让孩子们当家作主，协商合作。列购物清单，然后到老师设置的超市场景购物。

C. 购物后请大家讨论各家都买了什么，花了多少钱，还剩下多少钱，比较各家消费情况，完成记账本填写。

D. 老师提问，超市中同样商品有不同价格（举例），你是怎样选择的？为什么？

课后亲子小活动

家长可以带着孩子一起列购物清单，去超市购物，然后根据实际消费情况一起记账。真正实践并体会规划零花钱的乐趣。

备注：活动现场除了可以布置模拟超市场景，也可以参考下图设计，在黑板上粘贴标明价格的商品卡片，小朋友通过选择卡片代表选购商品，完成购物计划，填写记账本哦！

有个现代作家的有趣故事，故事的主人公叫郁达夫。据说，郁达夫喜欢把钱放在鞋子里。青年时期的郁达夫生活困顿，经常被钱所压迫。后来他成了著名作家，有钱了，就把钱放在鞋子里——现在，轮到他来"压迫"钱了。这当然是一则逸事，一段趣话。但事实上，古往今来，有很多名人虽然很会赚钱，但是不善理财，最终仍是被钱所压迫，导致生活狼狈。这样的例子，不胜枚举。可见，财商教育一直以来都是一个重要命题。

经济学家在做经济分析时，对于人类经济行为，有一个基本假定，即作为经济决策的主体都是非常理性的，所追求的目标都是使自己的利益最大化。这样的人，叫作"理性经济人"。他们在追求利益最大化的同时，自己的效用也是最大化的，对社会的贡献也就是最大化的。现代社会，是一个商业社会，理财的能力，也是一个人对社会做贡献的能力，归根到底是一种自我管理的能力。一个理性经济人，会对自己的所作所为，有一个预期和判断，然后对自己的行为做出评估，从而承担属于自己的责任部分。这样，理性就会慢慢建立起来。

财商教育，从小的层面看，是让一个人变成一个能够自我负责的个体；而从更深远的意义来看，是让一个人融入社会，成为一个对社会有益的人，能做出贡献的人。

在这个绘本故事里，小学生徐东奎为了争取零花钱，做了一件很重要的事，就是制订零花钱计划，以获取爸爸妈妈的信任。最终，他如愿以偿，获得了零花钱。小主人公得以如愿以偿最关键的一步，就是他制订了计划。这是一种规划自我或者说自我管理的能力。自我管理是一种很重要的能力，而更重要的，是这种能力可以迁移。我们能将解决一个问题的成功经验，移植到另外一个问题的解决上，从而收获更多的成功与经验。有了管理零花钱的能力，你自

送给每个孩子一个精彩的小世界！

读完这本有趣的图画书，你还可以参考下面的活动方案，
和孩子一起"嗨"起来哦！在"玩"中带给孩子实用的理财知识。

绘本活动设计

资深双语绘本讲师、阅读推广人◎长辫子老师

活动一　我会管理零花钱

设计意图

　　罗伯特·清崎认为，财商、智商、情商是现代社会能力三大不可或缺的素质，其中，又以财商最为重要。财商教育目前正在渐渐为家长和老师所重视。本书从孩子熟悉的零花钱为切入点，引导孩子合理规划与支配自己的零花钱，潜移默化地达到财商教育的目的。

活动目标

1.**认知目标**：对"钱"有基本了解，学会利用加减法简单计算收入、支出、结余。

2.**语言目标**：积极参与绘本活动拓展环节，积极讨论、交流，大胆表述自己的想法。

3.**情感目标**：懂得花钱要合理、有计划、有节制，从规划零花钱入手，启发孩子规划自我。

绘本导入

1. **问题式导入**：孩子们，你们现在有没有很想要的玩具或是什么东西？为什么？

2. 那你们既然这么喜欢这些东西，为什么还没有把它们买回家呢？

3. 今天让我们一起来看看小学生徐东奎是怎么得到他想要的玩具的！看看你们想了好久却还没有得到的东西能不能像徐东奎一样最终如愿以偿呢？进入绘本内容。

活动过程

1. **物料准备：** 小黑板、笔、零花钱计划表、随附记账本内页、制作好的"钞票"。
2. **活动过程：**

    A. 让小朋友思考并说出下周计划要买的东西，老师在小黑板饼状图上按日期板书；

    B. 老师根据饼状图板书的内容，填写零花钱计划表，帮助小朋友学习做计划（最好安排出现预算不足的情况，引导小朋友提前规划自己的消费以防"财政赤字"）；

    C. 每人发一张零花钱计划表，以及"1元""5元""10元"面额的"纸币"各一张，帮助计算。根据自己下周实际计划购买的东西，填写零花钱计划表；

    D. 填写完成后，鼓励小朋友分享自己的零花钱计划。

小黑板内容

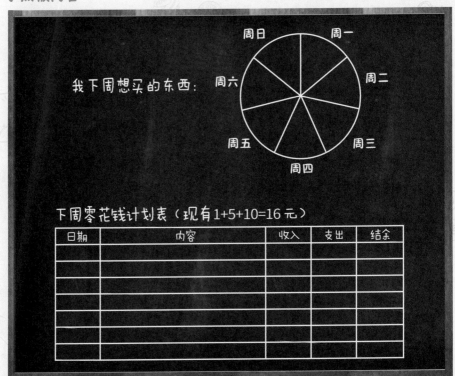

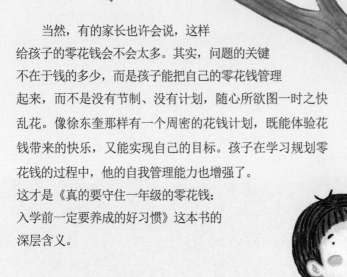

　　当然，有的家长也许会说，这样
给孩子的零花钱会不会太多。其实，问题的关键
不在于钱的多少，而是孩子能把自己的零花钱管理
起来，而不是没有节制、没有计划，随心所欲图一时之快
乱花。像徐东奎那样有一个周密的花钱计划，既能体验花
钱带来的快乐，又能实现自己的目标。孩子在学习规划零
花钱的过程中，他的自我管理能力也增强了。
这才是《真的要守住一年级的零花钱：
入学前一定要养成的好习惯》这本书的
深层含义。

　　因此，通过这本书让孩子学习管理自己的
零花钱，并不仅仅是培养孩子的财商，更是一个
让孩子学习自我管理的过程，是一种需要身体力
行的个体成长本身。更重要的是，这种自我管理的
能力是可以迁移的，会让孩子成为立足当下，拥抱
未来的自律的人；让孩子学会规划、学会期待、学
会珍惜，成为热爱生活的人。

真的要守住一年级的零花钱

[韩] 申淳哉 / 著　[韩] 安信爱 / 绘　黄进财 / 译

世界图书出版公司

西安　北京　上海　广州

这是我见过最酷的机器人了，
但是我不能拥有它。
因为不久前，
妈妈刚给我买了"第1代变形机器人"。
当时，我跟妈妈信誓旦旦地保证："以后，'机器人'
这三个字提都不会再提。"
唉，谁知道这么快就出第2代了，还这么酷！

我满脑子都是第2代变形机器人。
"啊，真的好想要那个！"
我情不自禁地说出了心声。

"那就用零花钱买啊！"
同桌夏小雪马上建议道。

"我用零花钱买了喜欢的便利贴。"
夏小雪拿出了小动物便利贴给大家看。
"我用零花钱买了画册。"
"我买了米饼！"
李一晨跟许佳奇接连说道。
"我从三月起也开始拿零花钱了。"
我的好朋友王可可也插嘴说。
听到同学们这么说，我暗下决心：我也要拿零花钱！

零花钱大作战1

死缠烂打
耍赖皮

"妈妈，给我点儿零花钱！"
我紧跟在妈妈屁股后面恳求道。
"什么？零花钱？"

"妈妈，零花钱，零花钱，
给我点儿零花钱嘛！"
"三年级的时候再给你。"
妈妈果断拒绝了我。

"爸爸，我也想要零花钱！"
"我们班的夏小雪、李一晨、王可可他们都有零花钱了。"
但爸爸只是"呵呵"地笑了笑。

唉，死缠烂打要零花钱
大作战失败。

"可怜的徐东奎呀！"
夏小雪往我脸上贴了张便利贴。
"唉，我也想要零花钱呀！"
就在夏小雪把小猪便利贴贴在我额头上时，
我的脑海里突然闪过一个好主意……
"对！就这样！"

"这次计划要是又失败了怎么办？"
"应该让你妈妈放心地把零花钱给你。"
李一晨倒挂在单杠上，摇摇晃晃地说着，
"我经常弄丢零花钱，妈妈每次都骂我乱放零花钱。"
听了李一晨的话，我又想到一个好办法！

晚饭都来不及吃，
我就做了一件很重要的事：
用彩纸和胶棒做了个钱包。
"好啦！徐东奎的钱包制作完成！"
有了钱包，就不会像李一晨那样
把零花钱弄丢了，
这样妈妈就会给我零花钱了吧？

"唉，钱包还是空空的，我真是个穷光蛋。"
"让你妈妈相信你，才是最重要的。"
许佳奇一边吃着米饼一边说：
"我一拿到零花钱，就跑到小超市花光了，
所以差点儿再也拿不到零花钱了。"
"是吗？那么……"
听了许佳奇的话，我又有了个好主意。

"爸爸妈妈，请你们看下这个！"
我自信满满地说：
"如果你们给我零花钱，
我会成为最棒的零花钱计划大王！"
爸爸妈妈看了我的计划表，都满意地鼓起了掌。

☆ 徐东奎 了不起的零花钱 计划表 ☆

1. 星期一　两块巧克力 ◎◎　10元
　　　　跟我的好朋友 王可可一起吃

2. 星期二　1个超级"长舌头"软糖 2元

3. 星期三　1个"酸溜溜"和1个棒棒糖　5元

4. 星期四　1盒曲奇饼干　10元

5. 星期五　1个米饼 ~~25元~~ 不花钱
　　　　找许佳奇要1个

但是，这次又失败了。

"唉，我什么时候才能拿到零花钱呢？"

为了安慰伤心的我，王可可给我买了"酸溜溜"。

还是好朋友对我最好！

吃了"酸溜溜"，酸得我眯起了一只眼睛。

但另一只眼睛还是看到了海报，

上面的第2代变形机器人还是那么酷。

"第2代变形机器人，再见了！"
我强忍着泪水走出了小超市。
这时，王可可却突然大声说：
"变形机器人，我会存钱来买的！"
"哼，你的意思是我买不了吗？没错，就我没有零花钱！"
我生气地大声说。

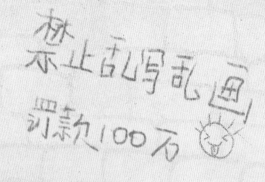

"东奎啊，其实……我的意思是……买给你当生日礼物的……"
王可可有点惊慌地说。
"什么？我的生日礼物？"
"你不是有第1代变形机器人嘛，
如果可以跟第2代变形机器人合体的话……"
"就能变成宇宙最强机器人！"
我跟王可可异口同声地说，说完我们就"哈哈哈"地笑了起来。

好朋友♥

那天晚上，妈妈突然给了我一个红色的布钱包。
"虽然没有你做的彩纸钱包好看，但是能更好地保护零花钱。"
我还没反应过来，爸爸又递给我一个记账本：
"我们东奎已经做好准备了！"
太开心了！爸爸妈妈终于同意给我零花钱了！

5月第1周 零花钱日记

🐷 -1元
🐷 -5元
🐷 -10元

日期	内容	收入	支出	余额
5月4日	终于拿到零花钱了! ♡耶!	🐷🐷🐷 3只小猪 30元	✕	30元
5月5日	把零花钱哗啦哗啦放进存钱罐	✕	🐷 10元	20元
5月6日	跟王可可一起分享了2块巧克力		🐷 5元	15元
5月7日	买了怪兽画册		🐷🐷 2元	13元

零花钱 大作战

我是 存钱大王 	上周存的金额	这周存的金额	合计
	✗	10元	10元

存零花钱 计划买这些 	要给朋友买礼物！

需要反省 	因为李一晨又要买怪兽画册 砰！砰！警告 

以后 要这样 	徐东奎今日名言： 1.要像看待石头一样看待小超市！ 2.被李一晨忽悠也别上当！

还想 说的话 	备注 让爸爸做 画册. 

这是我的秘密。

每次拿到零花钱先存下5元钱。

等存钱罐满了，

就能买"第3代变形机器人"啦！

如果把"第3代变形机器人"送给王可可，

他会有什么样的表情呢？

等着吧，"第3代变形机器人"！

等着吧，王可可！

真的要守住一年级的零花钱：
入学前一定要养成的好习惯

跟拿到零花钱一样重要的事，
就是有计划地花零花钱。
哪怕是1元钱的冰棍儿，
或5元钱的糖葫芦，
只要买一两次，很快就会买十次，
零花钱一眨眼就会花光的。
试着制订计划，变成零花钱大王吧！

如果好好遵守，
成为零花钱大王
很简单！

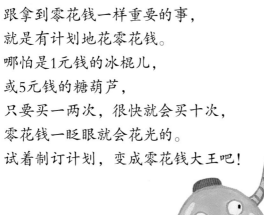